编 委 会

航天员的"左膀右臂"

小机械臂

张滨楠 主编　　潘小艺 绘

哈尔滨工业大学出版社

2022年7月24日，
中国空间站问天实验舱
在文昌航天发射场发射升空。
入轨后顺利完成状态设置，
于25日3时13分
成功对接于天和核心舱前向端口。
这是我国两个20吨级航天器
首次在轨实现交会对接，
也是空间站有航天员在轨驻留期间
首次进行空间交会对接。

中国文昌航天发射场位于海南省文昌市，主要承担地球同步轨道卫星、大质量极轨卫星、大吨位空间站和深空探测卫星（探测器）等航天器发射任务。

我国目前有五个航天发射场，分别是**酒泉卫星发射中心、太原卫星发射中心、西昌卫星发射中心、中国文昌航天发射场以及海南商业航天发射场**。此外，我国还具有海上发射能力。这些航天发射场共同构成了中国航天发射的重要基础设施，支持着中国的航天事业不断向前发展。

航天器也称为空间飞行器或者太空飞行器，是在太空中按照天体力学的规律运行的飞行器。它们的主要任务是探索开发和利用太空及天体。航天器基本上都是在太阳系内运行，执行各种特定的任务，如科学实验、技术研究和探索宇宙奥秘。航天器有多种类型，包括人造卫星、宇宙飞船、空间站等。

中国空间站有一个浪漫的名字，叫天宫空间站，它由天和核心舱、问天和梦天实验舱，以及神舟载人飞船和天舟货运飞船组成。中国空间站从2021年4月29日发射核心舱，到2022年底正式建成，是中国人自己的太空家园。中国也成为少数几个拥有自己空间站的国家之一。

中国空间站配备了两套空间机械臂，分别是核心舱机械臂和问天实验舱机械臂。机械臂是空间站和航天员工作的"全能助手"，具有舱段转位搬运、航天员活动支持、设备转移与安装、智能操作与视觉识别等强大功能。

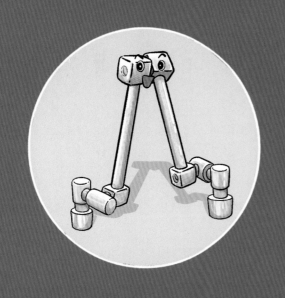

我由身体、小脚丫和眼睛三部分组成，我身长约5米，跟长颈鹿差不多高，我的身体由两个长臂杆和七个能自由转动的关节组成，因此我具有七个自由度，像人的手臂一样灵活。

嗨，大家好，我的大名叫"中国空间站问天舱机械臂"，小名叫"小机械臂"，我是由哈尔滨工业大学机电工程学院的刘宏院士、谢宗武教授团队和中国科学院长春光机所的科学家们一起研制出来的哦。2022年7月24日，我就随问天实验舱上天执行任务啦。

自由度是指机械臂上能自由活动的关节数，就像人的手臂。小机械臂有肩部三个关节，肘部一个关节，腕部三个关节。

自由度

立正！

我身体两端各有一个小脚丫（末端作用器），我的小脚丫可以和舱体上的小脚印（适配器）结合，实现舱上爬行。我的小脚丫上装有视觉系统，就是我的眼睛，可以为空间站拍好看的照片，就像空间站的自拍杆一样。

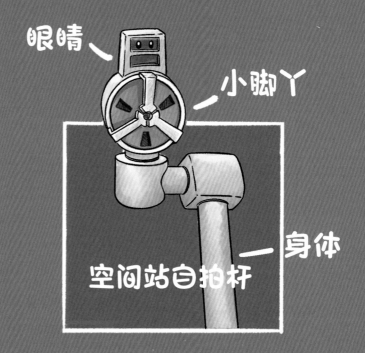

眼睛
小脚丫
身体
空间站自拍杆

我能够搬动3吨重的东西，可以独立工作，也可以和大机械臂合作，一起完成很多任务，比如支持航天员出舱活动、维护舱外设备等。

3吨

质量是生命 质量是责任

在上天执行任务之前，我必须要接受地面试验的严格检查才行哦。今天我的设计师和团队将对我进行实物抓取试验。为了模拟太空微重力环境，必须依赖气足，抵消我自身的重力。我也不负众望哦，与目标抓取物精准对接上啦！

微重力环境是指物体呈现的重量远远小于它所受引力环境中实际的重量。因为在太空中，航天器处于高速运动的状态，引力被用来供给绕地球高速旋转所产生的加速度了，所以航天员几乎感受不到自身的重量。

气足是我国自主研发的太空微重力试验装备，它可以向下喷气，与地面形成一层只有头发丝四分之一厚的气膜，抵消我自身的重力，让我在地面上也像置身宇宙一样轻巧。

我以为我和大机械臂见面时候的场景是这样热血的，实际情况却是我是被"五花大绑"送去的。刚上天的我还动弹不了，需要经过解锁和一系列测试才能开始工作哦。

兄弟，你终于来啦!

大哥，我来啦!

大哥，我来啦！

让我来为大家介绍一下我的大哥——天和机械臂，它已经在空间站执行任务很久了。它身高约10米，比我高很多，还是一个大力士，能承载25吨重的货物呢！它在空间站主要负责大范围转移任务。真高兴以后我能和它一起执行任务啦！

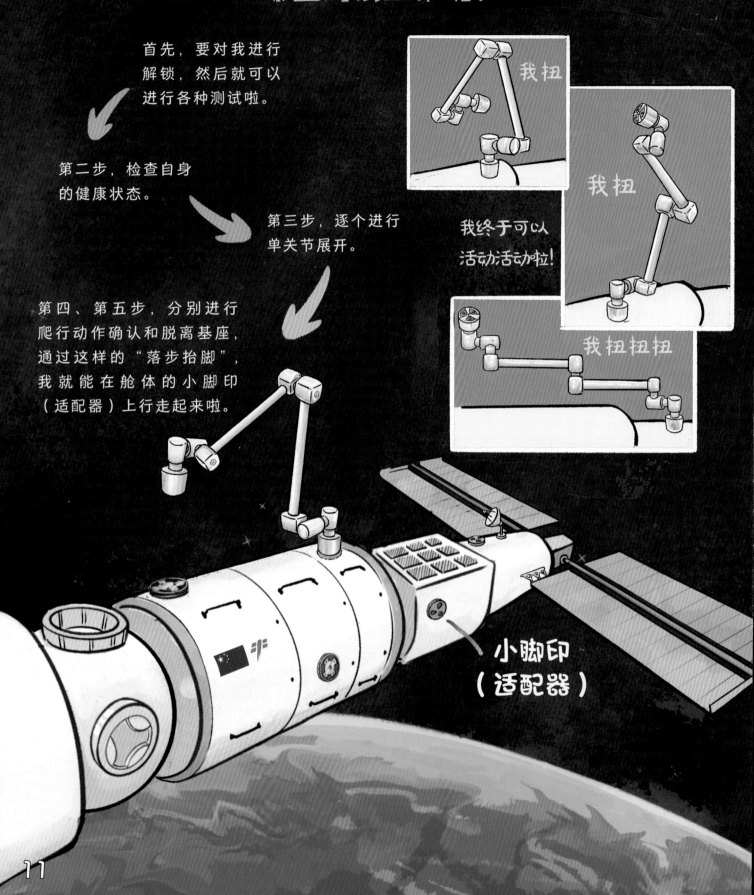

进入太空后，我需要首先进行哪些测试工作呢？

首先，要对我进行解锁，然后就可以进行各种测试啦。

第二步，检查自身的健康状态。

第三步，逐个进行单关节展开。

第四、第五步，分别进行爬行动作确认和脱离基座，通过这样的"落步抬脚"，我就能在舱体的小脚印（适配器）上行走起来啦。

我扭

我扭

我终于可以活动活动啦！

我扭扭扭

小脚印
（适配器）

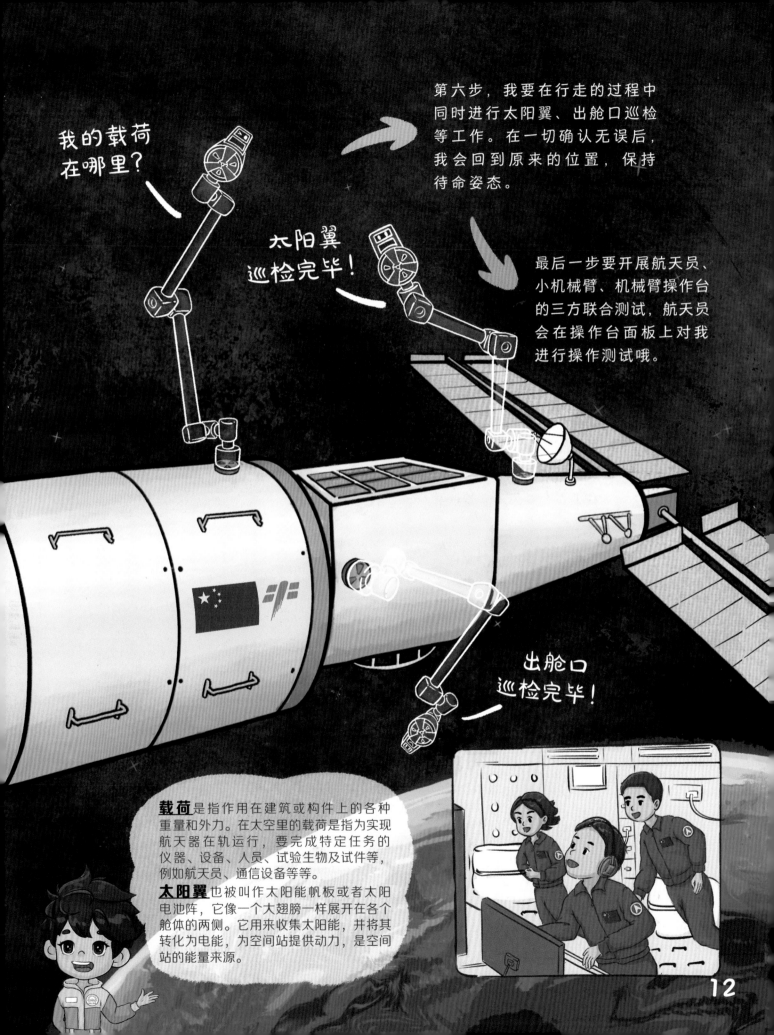

我的载荷
在哪里？

太阳翼
巡检完毕！

第六步，我要在行走的过程中同时进行太阳翼、出舱口巡检等工作。在一切确认无误后，我会回到原来的位置，保持待命姿态。

最后一步要开展航天员、小机械臂、机械臂操作台的三方联合测试，航天员会在操作台面板上对我进行操作测试哦。

出舱口
巡检完毕！

载荷是指作用在建筑或构件上的各种重量和外力。在太空里的载荷是指为实现航天器在轨运行，要完成特定任务的仪器、设备、人员、试验生物及试件等，例如航天员、通信设备等等。

太阳翼也被叫作太阳能帆板或者太阳电池阵，它像一个大翅膀一样展开在各个舱体的两侧。它用来收集太阳能，并将其转化为电能，为空间站提供动力，是空间站的能量来源。

12

我随问天实验舱升空，被安装在气闸舱出舱口的旁边。问天实验舱是中国空间站的首个科学实验舱。

问天实验舱是中国空间站的重要组成部分，它为航天员提供了一个在太空进行科学实验的平台。航天员已经在问天实验舱里进行了生命科学、生物技术、物理科学等领域的许多实验，例如在生态实验柜里种植水稻，观察它们在太空的生长情况；在变重力实验柜里研究不同重力水平下的颗粒物质运动；等等。

资源舱上装有太阳翼，能够为空间站提供能量，资源舱能够使空间站保持稳定的飞行，是空间站的"能源仓库"和"动力工厂"。

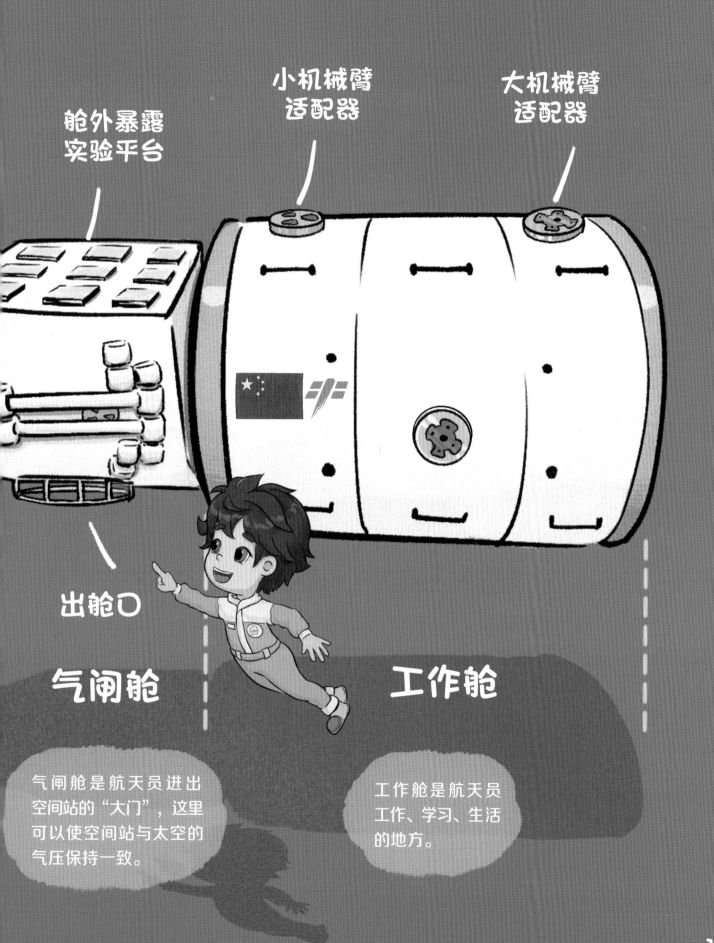

舱外暴露
实验平台

小机械臂
适配器

大机械臂
适配器

出舱口

气闸舱

工作舱

气闸舱是航天员进出
空间站的"大门"，这里
可以使空间站与太空的
气压保持一致。

工作舱是航天员
工作、学习、生活
的地方。

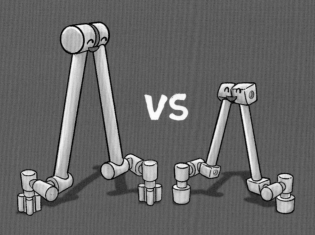

VS

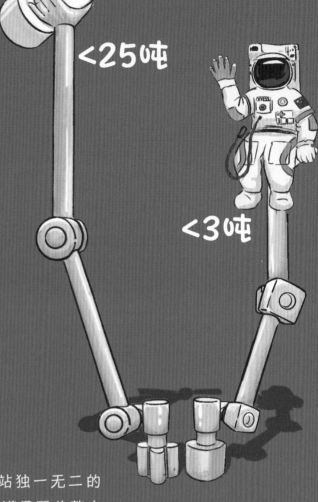

<25吨

<3吨

与大机械臂的"高大有力"相比，我显得更加"短小精悍"一些，因此我适合搬运一些小巧的载荷，比如亲爱的航天员。我具有优异的操作精度和位置精度，可用于完成精度和灵活性更高的任务。

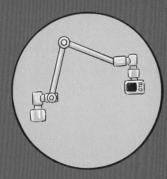

短小 灵活
精度高

当各有所长的我们"双臂合一"，就变成了空间站独一无二的变形金刚，我们能够组成长约15米的组合臂，可以满足覆盖整个空间站范围内的精细作业需求，达到1+1>2的效果。

转接装置

那么我们是如何实现"双臂合一"的呢？这就少不了转接装置了。转接装置的正反两面分别是大机械臂和我的小脚印，航天员首先将转接装置装到大机械臂上，我再抓住另一端，这样我们就可以牢牢地连接到一起啦。

组合臂能完成哪些工作呢？

借由组合臂的功能，我可以由问天舱转移到梦天舱上，那时我就能在梦天舱上执行任务啦。

我还可以和大机械臂一起从天舟货运飞船的开放式货舱直接抓取货物，实现跨舱搬货，这实在是太酷啦。

神舟飞船

问天舱

梦天舱

节点舱

天和核心舱

神舟飞船

天舟飞船

组合臂犹如一个在太空中行走的"机甲战士"，在空间站搭载的科学实验载荷可以通过机械臂精准"投送"到对应的接口位置，实现"即插即用"，不再需要航天员出舱进行操作。

为了实现双臂合一，早在神舟十三号航天员还在太空时就开始了准备工作。2021年11月8日，航天员翟志刚、王亚平出舱顺利完成了机械臂悬挂装置与转接件安装的任务，这也是中国航天史上首次有女航天员参加的出舱任务。

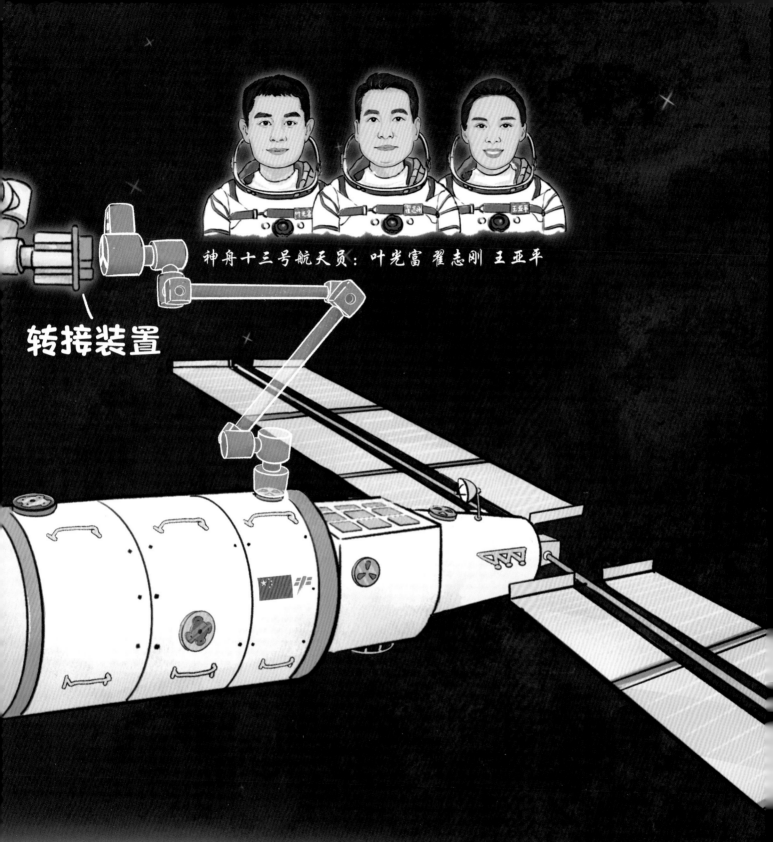

转接装置

神舟十三号航天员：叶光富 翟志刚 王亚平

让我来和你分享一些
完成出舱任务的精彩经历吧。

神舟十四号航天员：蔡旭哲 陈冬 刘洋

动作精准，
无须微调！

2022年9月2日，我协助神舟十四号航天员陈冬完成了问天舱扩展泵组安装和全景相机抬升的任务，这可是我首次单臂支持航天员出舱作业哟。

2022年9月17日，我和航天员一起完成了舱外助力手柄安装、载荷回路扩展泵组安装等任务，航天员刘洋夸赞我说："动作精准，无须微调！"

液冷服

航天员穿着航天服前须先穿着液冷服，可不要小瞧这件衣服，它的作用可大着呢！液冷服又叫液体调节服，它内部能够进行液体循环，帮助航天员调节体温，确保他们在极端温度下也能正常工作。

然后航天员互相协助穿着航天服，就可以准备出舱了。

航天员不能直接打开舱门就出舱哦，因为太空舱内外存在巨大压力差，太空舱内是常压环境，太空则是真空环境，如果直接打开舱门，舱内的高压气体会迅速涌出，航天员身体是无法承受这种压力变化的，因而出舱前需要将舱内的压力降到与太空相近的真空状态。

气闸舱泄压完成后航天员即可打开舱门出舱啦。在使用小机械臂前，航天员需将脚限位器和操作台依次安装好，然后航天员就可以登上机械臂执行任务啦。

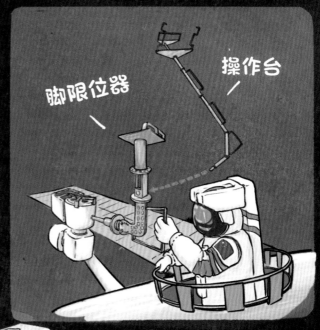

脚限位器

操作台

我已出舱，感觉良好！

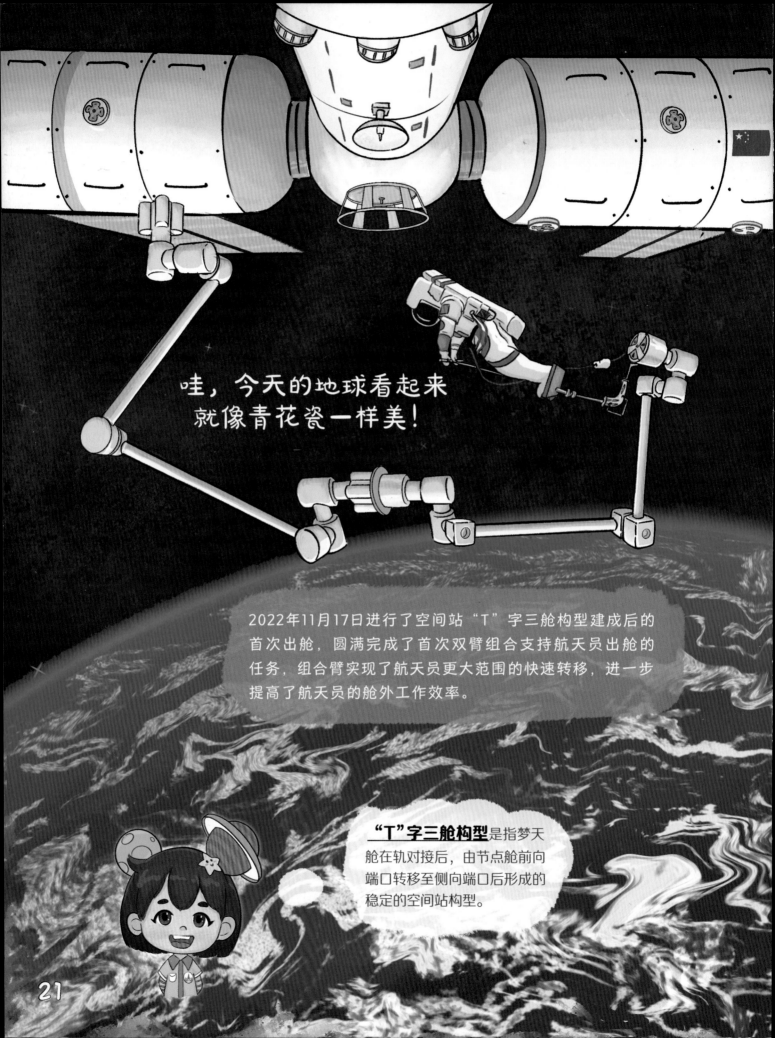

哇，今天的地球看起来就像青花瓷一样美！

2022年11月17日进行了空间站"T"字三舱构型建成后的首次出舱，圆满完成了首次双臂组合支持航天员出舱的任务，组合臂实现了航天员更大范围的快速转移，进一步提高了航天员的舱外工作效率。

"T"字三舱构型是指梦天舱在轨对接后，由节点舱前向端口转移至侧向端口后形成的稳定的空间站构型。

2023年4月15号，我协助神舟十五号航天员乘组顺利完成四次出舱任务，他们刷新了中国航天员单个乘组出舱活动纪录。航天员邓清明坚守25年，终于圆了飞天梦，他的坚守与奋斗的精神令人动容。

神舟十五号航天员：张陆 费俊龙 邓清明

航天员费俊龙为梦天舱安装扩展泵组

扩展泵组

小朋友，你有没有发现航天员经常会安装扩展泵组？那么扩展泵组到底是什么呢？扩展泵组是空间站"中央空调"（热控系统）的"心脏"，它能够让"中央空调"内的液体循环流动起来，从而为航天员和仪器设备提供合适的温度环境。

神舟十六号航天员：朱杨柱 景海鹏 桂海潮

2023年6月，神舟十六号乘组三位航天员进行了空间辐射生物学暴露实验装置出舱工作。在本次任务中，航天员借助货运电梯将装置运出舱外，我将实验装置从货运电梯精准运输至舱外实验点位。这是我国首次开展舱外辐射生物学暴露实验，对辐射生物学和空间科学研究具有里程碑式的意义。

货运电梯

对接中……

神舟十六号航天员景海鹏可是太空的常客了，这已经是他第四次进入太空执行任务了，他也是中国"四度飞天第一人"，他终于在此次航天之旅中完成了自己的首次太空漫步。

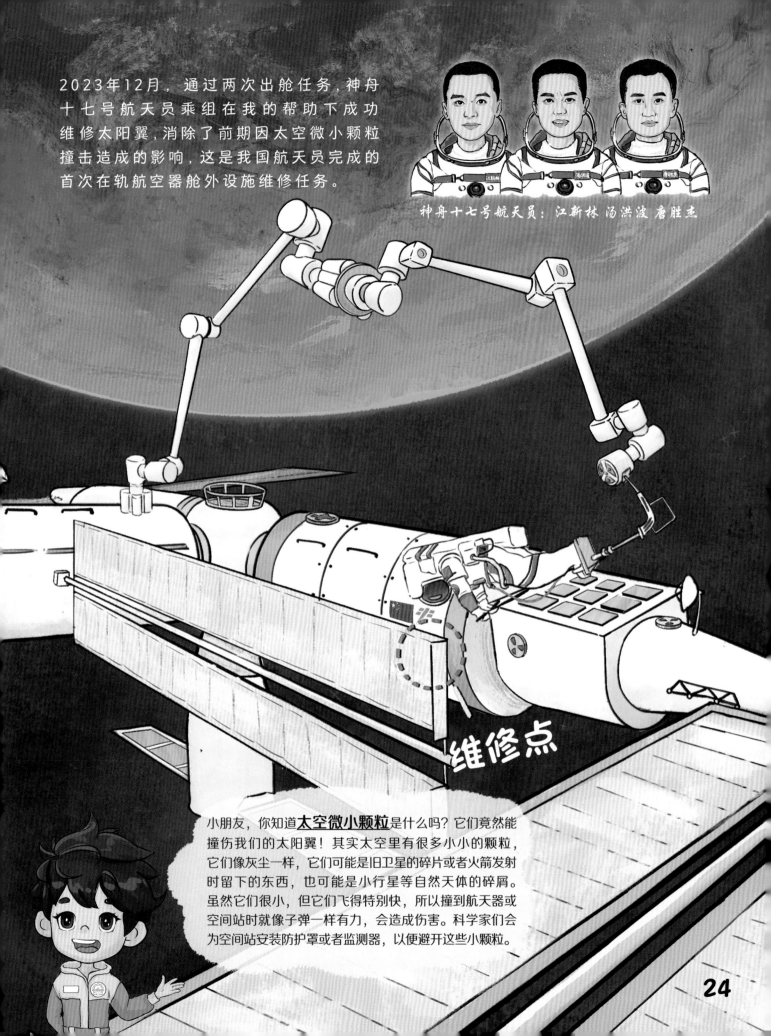

2023年12月，通过两次出舱任务，神舟十七号航天员乘组在我的帮助下成功维修太阳翼，消除了前期因太空微小颗粒撞击造成的影响，这是我国航天员完成的首次在轨航空器舱外设施维修任务。

神舟十七号航天员：江新林 汤洪波 唐胜杰

维修点

小朋友，你知道**太空微小颗粒**是什么吗？它们竟然能撞伤我们的太阳翼！其实太空里有很多小小的颗粒，它们像灰尘一样，它们可能是旧卫星的碎片或者火箭发射时留下的东西，也可能是小行星等自然天体的碎屑。虽然它们很小，但它们飞得特别快，所以撞到航天器或空间站时就像子弹一样有力，会造成伤害。科学家们会为空间站安装防护罩或者监测器，以便避开这些小颗粒。

2024年5月28日，经过约8.5小时的出舱活动，神舟十八号乘组密切协同，在机械臂和地面科研人员的配合下，完成了空间站空间碎片防护装置安装、舱外设备设施巡检等任务，刷新了中国航天员单次出舱活动时间纪录。

神舟十八号航天员：李广苏 叶天富 李聪

在动作精准的"小机械臂"背后，
是一支矢志爱国奉献、敢于迎难而上的团队——

哈尔滨工业大学问天舱机械臂团队

团队由刘宏院士领衔，机械、电气、计算机等多学科教师和博士生为主体，平均年龄33.3岁。他们发扬科学家精神，接续奋斗、不断实现"零"的突破。

团队荣获"第27届中国青年五四奖章集体"，获评"全国高校黄大年式教师团队"、2022"感动龙江"年度群体称号。

为铸重器埋首攻关
他们百炼成钢
让问天机械臂
"动作精准，无须微调"
十六春秋孜孜以求
他们苦心求索
助力中国航天奋进逐梦
天宫绘美卷
浩气可问天

团队成员是来自学校不同学院的师生们，因为小机械臂的研制不是仅仅掌握一个学科的知识就能完成的，比如机电工程学院负责整体研制，完成机构设计；电气工程及自动化学院负责提供高性能电机组件；计算学部则负责提供控制算法；等等。多学院大团队协同攻关才有了今天"动作精准"的小机械臂！

机电工程学院

计算学部

电气工程及
自动化学院

希望我将来也能成为
他们中的一员！

小机械臂团队的六名成员入选了成都第31届世界大学生夏季运动会的火炬手，他们共同传递了在哈尔滨站的最后一棒。他们说："无论是在赛场还是实验室，都要发扬顽强拼搏、永不言弃的精神，解决一个个技术难题。"

规格严格
功夫到家

小·朋友，恭喜你读完本书，现在你了解
小·机械臂了吗？快来领取你的小·礼物吧！